OBSERVATIONS

SUR

LES AMENDEMENTS ET LES ENGRAIS

INDUSTRIELS

Bordeaux. — Imp. G. Gounouilhou, rue Guiraude, 11.

AGRICULTURE PRODUCTIVE ET RÉMUNÉRATRICE

AMENDEMENT DU SOL ARABLE ET ENTRETIEN DE SA FERTILITÉ

ENGRAIS

ET

AMENDEMENTS

PRÉPARÉS SELON LES INDICATIONS

DE M. BAUDRIMONT

Professeur de Chimie agricole à Bordeaux, etc.,

PAR M. CRÉBESSAC

131, route d'Espagne, à Bordeaux

PRIX : 50 CENTIMES.

BORDEAUX

CHEZ TOUS LES LIBRAIRES

OBSERVATIONS

SUR

LES AMENDEMENTS ET LES ENGRAIS

INDUSTRIELS

Appelé depuis un nombre d'années déjà considérable à porter mon attention sur l'agriculture, d'abord dans le nord de la France, puis dans les environs de Paris, et enfin dans la région du sud-ouest, j'ai pu faire des observations d'une notable importance, qu'il m'a été permis de synthétiser et d'exposer dans le cours de chimie agricole que je fais à la Faculté des Sciences de Bordeaux depuis quinze ans.

Dans ce cours, je me suis efforcé d'établir, sur des bases inébranlables, par l'expérience et la balance à la main, si je puis me servir de cette expression, les grands principes qui sont aujourd'hui reconnus par tous les agronomes.

C'est en m'appuyant sur ces principes que j'ai pu, d'une manière positive et invariable, indiquer les causes de la stérilité ou de l'épuisement du sol arable, ainsi que les moyens que l'on peut employer pour y remédier.

J'ai fait des efforts incessants pour répandre ces principes et en obtenir l'application, non-seulement dans mon cours de chimie agricole, mais dans mes rapports annuels à M. le Préfet de la Gironde sur la vérification des engrais, rapports qui sont soumis au Conseil Général du département.

Dans le Rapport de l'année 1855-1856, qui a été publié dans les *Actes de la Société d'Agriculture de Bordeaux,* on trouve ce qui suit :

« *Observations générales.*

» L'agriculture du département de la Gironde est d'une nature toute spéciale.

» Une partie du département est en landes, pâtis et marais, ne donnant qu'un faible produit;

» Une autre partie est en forêts de pins;

» Une troisième est plantée en vignes;

» Ce qui reste appartient à l'agriculture ordinaire.

» Cette dernière partie contient des sols très variés : le sable des landes, le diluvium, les alluvions des rivières et du fleuve qui le traversent, et le sol tertiaire.

» Il résulte de là qu'il y a peu d'unité dans la culture du département de la Gironde, et que, vu la différence des sols, ce qui est bien dans un endroit déterminé, peut être mal dans un autre. On est donc obligé de faire varier les cultures selon les circonstances, et il en résulte qu'il n'y a qu'un très petit nombre d'établissements agricoles qui, par l'équilibre de leurs cultures, puissent se suffire à eux-mêmes. Il en sera longtemps et peut-être toujours ainsi. Il faut d'ailleurs savoir accepter une condition que l'on ne peut modifier; et ce serait peut-être une faute de vouloir que l'agriculture de la Gironde fût calquée sur celle des départements du nord de la France, lorsque la latitude, le sol et une foule de circonstances s'y opposent.

» Il est donc évident que, pendant longtemps encore, les agriculteurs de la Gironde ne produiront pas assez d'engrais pour leurs besoins, et qu'ils devront en acheter. Qu'importe, après tout, qu'il en soit ainsi, si finalement ils obtiennent du bénéfice !

» La nécessité où se trouve le département de la Gironde d'acheter des engrais, fait qu'il importerait que l'on s'occupât de lui en procurer à des prix raisonnables, et qui convinssent à ses cultures. J'ai fait tout ce qui a dépendu de moi pour obtenir ce résultat, soit par l'enseignement dont je suis chargé, soit par diverses combinaisons ou opérations industrielles que j'ai proposées à la Société d'Agriculture de la Gironde. Malgré les encouragements que ce projet a reçus de plusieurs hommes éclairés, j'ai dû en ajourner l'exécution.

» Le fait que j'ai l'honneur de signaler à votre attention est d'autant plus important, que les agriculteurs de la Gironde paient fort cher des engrais que l'on va chercher fort loin, tandis qu'ils laissent exporter les matières que ce département produit. Comme exemples de cette exportation, j'aurai l'honneur de signaler les faits suivants à votre attention :

» 1° Les ordures de la ville de Bordeaux sont exportées au-delà de Libourne, par la rivière de l'Isle;

» 2° Les cendres lessivées ou les charrées recueillies dans les landes sont exportées en Bretagne;

» 3° Le noir des raffineries de Bordeaux suit le même cours;

» 4° Les sels ammoniacaux provenant de l'usine à gaz de Bordeaux, ne trouvant pas d'emploi pour l'agriculture dans le département de la Gironde, sont également exportés;

» 5° Beaucoup de produits qui arrivent par la voie du commerce, tels qu'os et chair desséchée, venant de Buenos-Ayres, noir de raffinerie de Hambourg et d'autres provenances, laines, cornes, etc., sont aussi presque entièrement exportés;

» 6° Enfin, il existe une foule d'autres produits, propres à la ville de Bordeaux, qui sont perdus en partie ou en totalité pour l'agriculture, faute d'être recueillis ou utilisés d'une manière convenable.

» Il importerait donc, Monsieur le Préfet, que toutes les matières que je viens d'avoir l'honneur de signaler à votre attention, trouvassent leur emploi dans le département que vous administrez, et que, par des préparations et des manipulations éclairées, elles prissent la forme qui leur conviendrait pour être utilisées de la manière la plus avantageuse par l'agriculture locale.

» Si ce résultat pouvait être obtenu, la richesse du département s'en trouverait accrue d'une manière notable. »

En 1860, sous les auspices de la Société d'Agriculture, les questions suivantes ont été posées aux agriculteurs réunis par suite du Concours régional :

« Rechercher les relations qui existent entre le sol, les engrais et les cultures? — Quel est le meilleur parti à tirer de ces relations? » Ces questions ont en outre été développées dans une notice qui les accompagnait. Cette notice était d'ailleurs terminée par une série de questions posées aux agriculteurs et aux agronomes qui voudraient bien s'en occuper et assister au Concours régional.

Sachant depuis longtemps et par expérience combien il est long et difficile de faire pénétrer de tels principes dans les masses populaires qui habitent les campagnes, et surtout d'en obtenir l'application, j'ai pris la résolution de m'adresser à un industriel de Bordeaux, à M. Crébessac, et de le prier de fabriquer des engrais et des amendements d'après les indications et les formules que je lui donnerais. Cela était d'autant plus indispensable qu'il est excessivement difficile de se procurer toutes les matières qui peuvent servir à la confection de ces produits, et qu'ils ne peuvent être faits économiquement qu'en opérant sur de grandes masses. Ma proposition ayant été acceptée par M. Crébessac, il pourra satisfaire à toutes les demandes qui lui seront adressées. Je crois cependant devoir prévenir que, ne pouvant engager un industriel dans une telle voie sans lui donner au moins la sécurité qu'il n'aura pas à craindre une concurrence qui serait ruineuse pour lui, j'ai dû faire garantir ses produits par des brevets d'invention, seul moyen de protéger une industrie naissante qui a à supporter des charges considérables et qu'il est éminemment désirable de voir réussir; car, chacun le sait, et il ne faut pas l'oublier, l'agriculture est la base sur laquelle repose l'existence de l'homme vivant en société, et tout ce qui peut en accroître les produits mérite, au plus haut point, notre intérêt et notre sollicitude.

Les végétaux sont essentiellement formés de matière organique destructible par la combustion, et de matières minérales qui résistent à son action. Ces dernières forment les cendres de nos foyers.

La matière organique a son origine dans l'air, dans l'eau, et dans les émanations solaires qui nous donnent de la chaleur et de la lumière.

La matière minérale provient entièrement du sol, dans lequel sont implantés les végétaux qui vivent à sa surface.

L'analyse chimique, appliquée à ces diverses matières, en a fait connaître la composition exacte.

On sait parfaitement que la matière organique ou combustible est formée d'hydrogène et d'oxygène, qui sont les éléments constituants de l'eau, d'azote et de carbone qui existent dans l'atmosphère.

On sait aussi quels sont les éléments de la matière minérale, et l'analyse chimique a encore appris comment elle se trouve distribuée dans les différentes parties des végétaux.

Les végétaux servant d'aliment pour les animaux, même pour ceux qui sont carnivores, puisque ces derniers vivent en dévorant des animaux herbivores; les animaux ayant un système osseux formé de matières minérales, ce système ou plutôt les os qui le constituent leur étant indispensable, il a fallu que les éléments minéraux qui le forment fussent puisés dans le sol, et il a encore fallu pour cela que ces matières fussent aussi indispensables à l'existence des végétaux qu'elles le sont à celle des animaux.

Or, les matières minérales sont de plusieurs ordres, et si le sol ne les contient pas, il ne peut produire les végétaux qui ne peuvent exister sans elles.

D'une autre part, les végétaux enlèvent annuellement au sol arable une quantité de matière minérale qui est assez considérable et qui finit par l'épuiser.

L'épuisement du sol est connu de tous les agriculteurs, et la cause qui le produit s'explique donc simplement et facilement, ainsi qu'on vient de le voir.

Pour remédier à cet épuisement, on emploie généralement les jachères, les labours profonds, des amendements et des engrais de ferme.

Nous verrons bientôt que ces moyens sont insuffisants.

S'il en est ainsi, et s'il ne s'agit que de remplacer de la matière qui disparaît avec les récoltes qui sont exportées, les moyens que l'on peut employer pour entretenir la fertilité du sol, et même pour lui donner une fertilité qu'il n'a pas, viennent se présenter naturellement à l'esprit, et l'on se pose d'abord cette première question :

Trouve-t-on dans la nature les produits qu'il convient d'employer pour fertiliser le sol?

Après cette question, en vient une deuxième, qui n'a pas moins d'importance :

Si ces produits existent, peut-on se les procurer économiquement ; c'est à dire, peut-on les avoir dans des conditions telles qu'il y ait du bénéfice à les employer?

A ces deux questions, on peut répondre d'une manière affirmative : Oui, ces produits existent en abondance dans la nature ; oui, on peut se les procurer et tirer de grands bénéfices de leur emploi.

Mais ces produits sont dispersés à la surface du globe, et il faut les y aller prendre : les uns sont dans les plaines, les autres dans les montagnes, et d'autres même dans le sein de la mer.

C'est parce qu'il est difficile à un agriculteur de les connaître, de les recueillir et de les mettre en état d'être utilisées, que j'ai dû m'adresser à un industriel capable de comprendre ces vérités et de les mettre en application.

Au point de vue agricole, deux espèces principales de terres arables se présentent à l'observation de l'agriculteur et réclament sa sollicitude : 1° des terres maigres ou stériles qui ne donnent que des produits à peine rémunérateurs; 2° des terres en pleine culture qui s'épuisent incessamment, et dont il faut entretenir la fertilité.

Examinons-les successivement :

A. Les terres maigres ou stériles peuvent devoir à plusieurs causes la fâcheuse situation dans laquelle elles se trouvent. Mais l'une d'elles, et la principale, est qu'elles sont loin de contenir les éléments indispensables à une végétation variée, ou que ceux qu'elles contiennent y sont en quantité trop minime pour qu'elles puissent donner des résultats rémunérateurs.

Qui ne sait, en effet, que par la simple marne on rend fertiles des terres auparavant stériles?

Et, cependant, à cela près de l'argile, qui joue un rôle presque entièrement physique ou mécanique, le marnage n'introduit dans le sol que de la chaux, et quelquefois des traces de potasse et de magnésie!

Que ne pourrait-on donc faire si l'on introduisait dans le sol tous les produits qui y font défaut ou qui ne s'y trouvent qu'en trop petite quantité pour satisfaire aux besoins, aux nécessités de la végétation?

Il y a longtemps que ce problème s'est présenté à moi, et que je crois l'avoir résolu d'une manière satisfaisante.

La première pensée est de se demander si l'on peut ajouter au sol les produits qui ne s'y trouvent point ou qui y sont en trop faible quantité. Évidemment, cela est possible; mais il importe de savoir combien cela coûterait. Or, on trouve facilement que pour introduire dans un sol de cette nature les produits qui lui font défaut, même quand ce ne serait que pour dix ans, il faudrait une avance de capitaux relativement considérable. Par exemple, qu'un hectare de landes qui ne coûterait que cent francs d'acquisition, pourrait bien en coûter mille après avoir été amendé.

Bref, je suis arrivé à ce résultat que j'ai exposé chaque année dans mon Cours de chimie agricole :

Il faut trouver un amendement complet, formé de produits facilement assimilables, et qui puisse être employé annuellement.

Il faut encore, non-seulement que cet amendement coûte moins que les produits qu'il concourra à former, mais qu'il laisse dans le sol des éléments utilisables qui l'enrichissent.

Or, cet amendement est trouvé; on peut, pour une dépense de 60 à 70 fr., donner une fertilité suffisante à un hectare de terre.

L'action de cet amendement, aidée par des engrais convenables : du fumier, des ordures des villes ou les engrais qui sont préparés exprès pour en compléter l'effet, selon les cultures que l'on se propose de réaliser, peut donner des résultats considérables, même dans des terres qui passent pour être stériles, telles que les Landes de Gascogne et de Bretagne.

Des sacs de 50 kilogrammes, ne coûtant que 4 fr., sont mis à la disposition des agriculteurs qui désireront en faire l'essai. Cette quantité d'amendement devra être employée sur 500 mètres carrés de surface, de telle manière qu'il y en ait 100 grammes par mètre carré. Cette dose pourrait d'ailleurs être considérablement augmentée sans qu'il en résultât le moindre inconvénient pour les cultures.

Cet amendement étant sec et pulvérulent, rien ne sera plus facile que de le semer sur la surface qui sera soumise à un essai.

Les landes dites de *Gascogne,* situées entre Bordeaux et Bayonne, possèdent, à une faible profondeur, un sous-sol imperméable, argileux ou formé d'alios. Ce sous-sol s'opposant à l'accès des eaux dans le sol arable, et celui-ci se trouvant desséché de bonne heure, il serait important d'adopter des cultures hâtives, afin que le manque d'eau ne vienne point détruire ce qui aurait pu être obtenu par les amendements et les engrais.

Il en est de même pour les landes de Bretagne, qui reposent sur un sol granitique, et dont la stérilité est due à la même cause que celle qui affecte les landes de Gascogne.

B. Il est reconnu aujourd'hui, et il n'est pas possible d'avoir le moindre doute à cet égard, que les terres les plus fertiles s'épuisent rapidement. Cela se conçoit d'ailleurs facilement, puisqu'à chaque récolte on enlève les produits minéraux du sol qui ont servi à l'alimentation des végétaux.

On a remédié à ce grave inconvénient par la jachère, des labours profonds et des engrais.

La jachère répare en partie les pertes du sol : 1° par les produits venus de l'atmosphère; 2° par le délitement des matières minérales, qui en rend une partie plus apte à remplir la fonction nutritive réclamée par les végétaux; 3° par les courants interstitiels qui existent dans le sol arable et qui y apportent quelquefois de fort loin des matières solubles dans l'eau et utilisables par les végétaux; 4° par les modifications (putréfaction, fermentation, combustion) qu'y subissent les produits organiques qu'il renferme; 5° par les végétaux qui croissent à sa surface et qui y laissent leurs débris; 6° par les animaux qui y vivent et y abandonnent leur dépouille, etc. Toutes ces causes réunies sont insuffisantes pour restituer au sol une fertilité complète en un an ou deux.

N'est-il pas d'ailleurs convenable de supprimer la jachère? Si elle concourt à donner quelque fertilité au sol en paraissant ne rien coûter, lorsque l'on n'approfondit pas la question, ne le fait-elle pas aux dépens des bénéfices que ce dernier donnerait s'il était cultivé, et ne représente-t-elle pas une perte réelle?

Quant aux labours profonds, que font-ils, si ce n'est de chercher à une plus grande profondeur des produits qui ne sont plus à la surface?

Ces produits ne disparaîtront-ils pas un jour, aussi bien que ceux qui ne sont plus dans la partie supérieure du sol et qu'ils viennent remplacer?

Déjà bien des terres sont épuisées : la canne à

sucre ne peut plus être cultivée dans des terres où elle donnait des produits abondants et rémunérateurs. Partout le sol a perdu des éléments qu'il est indispensable de lui restituer, si l'on veut en entretenir la fertilité.

Ce sujet est digne d'attirer l'attention, non seulement des agriculteurs, mais de tous ceux qui s'occupent des grands intérêts sociaux.

Si l'on ne remédie à un mal qui s'accroît chaque jour, nous pouvons nous attendre à en subir les funestes conséquences.

Pour remédier aux maux présents, sans tenir compte en aucune manière de ceux qui nous menacent, on a simplement employé des engrais ordinaires et l'on a principalement fait usage du fumier.

Mais d'où vient le fumier? De débris végétaux mêlés avec les excréments des animaux qui consomment les produits des prairies naturelles.

Ce sont donc finalement les prairies qui sont chargées d'entretenir la fertilité des terres arables proprement dites; mais les prairies dont le sol n'est point renouvelé par des alluvions s'épuisent aussi, et il est indispensable de les soumettre à une fumure, ou, en d'autres termes, d'y introduire des engrais.

Le fumier même, employé à une très haute dose, 50 mètres cubes par hectare et pour 4 ans, est à peine suffisant pour réparer les pertes du sol et pour donner des récoltes qu'il est d'ailleurs facile d'obtenir par les engrais industriels.

Toutes les propriétés agricoles ne peuvent pas être disposées de manière à trouver, dans les prairies et les animaux, des engrais pour le sol. C'est là un cas qui se présente fréquemment, et partout où une culture spéciale a pris un grand développement, comme la vigne dans le département de la Gironde.

Il est donc indispensable de recourir à des engrais industriels pour entretenir la fertilité du sol.

Pourquoi ne le ferait-on pas? Pourquoi ne pas demander à la nature, au commerce, à l'industrie, toutes les ressources qui nous sont offertes? N'est-il pas rationnel de réparer les pertes que l'on fait, de jouir du présent et d'assurer l'avenir? Il suffit que les avantages que l'on en retire soient rémunérateurs, ou, en d'autres termes, que les produits valent plus que les engrais employés.

On trouve plusieurs avantages à la fois : 1° supprimer les jachères, obtenir des récoltes rémunératrices; 2° entretenir la fertilité du sol au lieu de l'épuiser.

N'est-ce pas se placer dans les conditions les plus désirables en agriculture, celles où le fermier et le propriétaire s'enrichissent?

C'est là un des principaux buts que l'on doit se proposer d'atteindre : l'existence de l'homme à la surface du globe y est même intéressée; car si la production agricole va en diminuant, il faudra qu'il en soit de même de l'espèce humaine.

On remédie aux inconvénients qui viennent d'être signalés par des amendements et par des engrais.

Je donnerai ici le nom d'*amendements* aux matières fertilisantes d'origine minérale, et le nom d'*engrais* aux produits qui contiennent en outre de la matière azotée.

Un amendement spécial a été composé pour les landes et les terres maigres en général (voir p. 15); mais il peut être employé dans toute espèce de terre, notamment dans celles qui sont de nature siliceuse. Il en augmentera considérablement la fertilité et les rendra spécialement propres à la culture du blé.

Un autre amendement formé de produits plus actifs et immédiatement assimilables a été composé principalement pour être réuni au guano du Pérou; il en corrige les propriétés défectueuses, et il y ajoute les éléments qui ne s'y trouvent point.

Tous les agriculteurs qui ont fait usage du guano du Pérou savent combien il est actif, et avec quelle rapidité il développe la végétation; mais les observateurs savent aussi qu'il est impropre à la culture du blé, dont il fait accroître la paille sans rien ajouter à ses épis, et qu'il est épuisant.

Cela est facile à comprendre, et trouve une explication toute naturelle lorsque l'on en examine la composition. Il ne contient, en réalité, que deux éléments principaux : l'azote et l'acide phosphorique. On n'y trouve point les autres éléments qui sont indispensables pour la végétation, et notamment pour la production du blé. Or, si ces éléments sont fournis par le sol, ce dernier se trouve bientôt épuisé, et si l'on ne fait pas intervenir des amendements ou des engrais complémentaires, on tourne dans un cercle vicieux : épuiser le sol et le ruiner rapidement en lui faisant donner en peu d'années tout ce qu'il peut produire, ou le ruiner et l'épuiser plus lentement en en retirant annuellement des produits à peine rémunérateurs. Cette alternative est inévitable, si l'on ne prend pas la résolution de faire usage d'amendements et d'engrais complets.

N'est-ce pas ce qui est arrivé dans les landes de Bretagne? Ces landes, formées du détritus du sol primitif sur lequel elles reposent, ne contiennent que de la potasse, très peu de chaux et des traces à peine sensibles de magnésie. Lorsque l'on y a introduit du noir de raffinerie, qui y portait tout à la fois un peu d'azote, du phosphate de chaux et de la magnésie qui y manquaient, leur fertilité s'est accrue considérablement; mais après avoir perdu la potasse qu'elles contenaient, potasse qui ne se trouvait point renouvelée, elles ont été rapidement et complètement épuisées.

Ces landes ne pourront être soumises à une culture régulière et rémunératrice que par l'emploi des amendements et des engrais complets qui leur sont aujourd'hui offerts à très bas prix.

Il faut faire donner au sol tout ce qu'il peut donner, et pour cela il n'y a qu'une seule voie : l'emploi des produits industriels.

Si l'on fait usage des produits qui sont offerts actuellement à l'agriculture, le sol peut n'être considéré que comme un simple support perméable à l'air et à l'eau. On peut ne rien lui demander et tout emprunter aux produits qu'il est possible et facile d'y introduire.

Le guano du Pérou, corrigé et complété par l'amendement dont il a été question (p. 22), atteint parfaitement ce but; il devient un engrais qui peut donner naissance aux produits agricoles les plus abondants sans le concours d'autres matières.

Il convient, d'ailleurs, à toutes les cultures, excepté à la vigne. Employé seul, sans aucun autre engrais, il peut donner des produits considérables.

M. Crébessac pourra livrer aux consommateurs du guano corrigé et complété, ou l'amendement qui sert pour obtenir ce résultat.

La forte odeur du guano ne permet peut-être pas de l'employer pour la vigne, car il est à craindre qu'il puisse modifier le bouquet du vin qu'elle donne. Il est aussi à craindre qu'il n'en modifie la saveur. C'est pour cela que des engrais spéciaux ont été préparés exprès pour ce précieux végétal.

Depuis quelques années, des propriétaires ont employé des produits épidermoïdes, tels que la corne et la laine, et le cuir tanné.

La corne et la laine sont, comme le guano, et pour les mêmes raisons, des produits épuisants. Il est pour cela dangereux d'en faire usage, car une vigne qui aura d'abord paru donner des produits rémunérateurs, deviendra bientôt plus ou moins stérile.

Le cuir tanné ne se décompose que fort lentement, et ne donne aucun résultat sensible lorsqu'il est introduit dans le sol.

Pour obvier à ces inconvénients, deux engrais spéciaux ont été composés : l'un ayant une action lente, l'autre ayant une action immédiate.

Le premier peut être employé lorsque l'on travaille la vigne; l'autre peut l'être lorsqu'elle est en pleine végétation. Si considérables que soient les produits qu'ils concourent à former, jamais ils ne pourront altérer la qualité du vin.

Les plantes à sucre et le tabac ont aussi attiré mon attention, et des engrais spéciaux ont été composés exprès pour en faciliter la végétation.

Il en est de même des céréales, et notamment du blé, d'une part, et des légumineuses, d'autre part.

On trouvera, d'ailleurs, à la fin de cette Notice, des indications spéciales sur chaque espèce d'engrais.

Les personnes qui ont fait une étude suffisante de la chimie agricole ont émis l'opinion qu'il faut préparer les engrais en tenant compte, non seulement des produits agricoles que l'on se propose d'obtenir, mais aussi de la nature du sol. Cette opinion est bien fondée; mais elle n'a qu'une valeur très secondaire, et l'on peut négliger d'en tenir compte. Effectivement de quoi est généralement composé le sol arable? De sable siliceux, d'argile, de calcaire, d'oxyde de fer et aussi de produits beaucoup plus précieux, qui sont ceux qui sont enlevés par les récoltes et qui lui font presque toujours défaut.

Or, admettons qu'un amendement contienne de la silice, de l'argile, du calcaire et même du fer, le seul inconvénient qu'il pourra présenter sera de porter des produits qui n'ont qu'une faible valeur vénale dans un sol qui en contient déjà; mais il lui apportera en même temps tous les autres produits qui ont une valeur beaucoup plus considérable et qu'il ne contenait qu'en trop faible quantité. Il ne peut donc y avoir qu'un intérêt bien minime à faire des engrais en rapport avec le sol auquel ils sont destinés. Le guano corrigé et complété produira les mêmes effets dans tous les terrains où il sera employé et quelle que soit la nature de ces terrains.

Les engrais n'étant point les seuls éléments qui interviennent dans l'agriculture, les personnes qui les emploieront ou qui en feront simplement l'essai devront aussi tenir compte de la pluie ou de la sécheresse, des gelées, des vents, de la grêle, et, en général, de tous les météores qui exercent une influence sur la végétation. Ce n'est que par une appréciation de cet ordre qu'il sera possible de juger sainement les effets qu'ils produiront. Dans tous les cas, il sera facile de les essayer d'une manière comparative et de voir les résultats qu'ils auront donnés.

Il faudra faire aussi cette remarque, qu'un engrais ou un amendement qui renferme tous les produits utilisables par les végétaux ne peut avoir, pour chacun de ces éléments, un TITRE aussi élevé que ceux qui n'en renferment qu'un ou deux.

Le sulfate d'ammoniaque contient 21 % d'azote

et ne peut être mêlé à aucun autre produit sans que son titre ne diminue. Il en est de même pour le guano qui ne contient que de l'azote et de l'acide phosphorique qui aient une valeur réelle au point de vue de l'agriculture. Il est évident que l'on ne peut y ajouter les éléments agricoles qu'il ne contient pas, sans diminuer son titre en azote et en acide phosphorique.

Afin de rendre les produits aussi riches que possible et de diminuer les frais de transport, ceux qui sont préparés par M. Crébessac sont entièrement formés de matières utilisables et ne contiennent que l'eau, qui est à l'état de combinaison ou qu'ils absorbent en présence de l'air qui, comme on le sait, est toujours plus ou moins humide.

Ils sont tous secs et pulvérulents. Cela les rend d'un emploi très facile; car il suffit de les semer à la surface du sol.

Ils sont, en outre, presque tous inodores. C'est une très grande erreur de la part des agriculteurs qui prétendent juger la valeur des engrais par l'odeur qu'ils donnent. Les engrais destinés à la vigne sont complétement inodores, et cependant ils ne donneraient pas moins des résultats considérables s'ils étaient employés pour une culture quelconque. Leur prix, qui est plus élevé que celui des autres engrais, est le seul obstacle qui s'oppose à ce qu'ils puissent les remplacer tous et tenir lieu du guano du Pérou, corrigé et complété.

A. BAUDRIMONT.

AMENDEMENTS ET ENGRAIS

RENSEIGNEMENTS ET DÉTAILS SPÉCIAUX

I

AMENDEMENT GÉNÉRAL PERSISTANT.

Prix de 100 kilog..	sans enveloppe...	6 fr.
	en sac............	7
— de 50 —	....	4

Cet amendement contient tous les produits utilisables par les végétaux, excepté les matières organiques.

Il convient à toutes les terres et à toutes les cultures, notamment aux landes, quelles qu'elles soient. Il les enrichit et les rend aptes à produire.

Il est le complément des engrais usuels, tels que le fumier, les ordures des villes, les poudrettes et le guano du Pérou.

Le guano du Pérou ne doit point être mêlé avec cet amendement; mais il peut être employé sur les terres qui l'ont reçu Il ne peut alors les épuiser; cependant, il est plus économique et plus sûr d'employer le guano complété et corrigé, parce que son action est plus rapide.

Si l'on emploie 1,000 kilogrammes par an de cet amendement par chaque hectare de terre, jamais le sol ne sera épuisé; au contraire, il s'enrichira, parce qu'il contient plus de produits utilisables qu'une récolte ne peut en enlever.

Cet amendement doit être employé, soit avant l'hiver, soit avant le printemps.

L'emploi le plus convenable est de le semer sur le sol avant de faire usage de la herse et du rouleau.

Dans les terres suffisamment meubles ou suffisamment préparées par le labour, il peut être répandu à l'aide d'une espèce de semoir qui le distribue ou qui l'enterre dans un sillon qu'il trace et referme.

Cet amendement peut aussi être mêlé avec le fumier avant son transport dans les champs. Projeté sur le fumier à mesure qu'il s'élève dans la fosse, il s'y trouve facilement mêlé. Il subit alors des modifications qui le rendent plus aptes à être assimilé par les végétaux.

L'amendement persistant peut aussi être mêlé aux ordures des villes : ils donnent ensemble un excellent engrais.

Mêlé avec la poudrette, il la complète et en forme un engrais d'une grande efficacité.

Lorsqu'une terre doit être fumée pour plusieurs années, soit pour une rotation de quatre ans, on peut employer immédiatement 4,000 kilogrammes d'amendement persistant. Quelle qu'en soit la quantité, il ne pourra jamais nuire à la végétation.

II

AMENDEMENT IMMÉDIATEMENT ASSIMILABLE,

COMPLÉMENTAIRE DU GUANO DU PÉROU ET DES ENGRAIS USUELS, QUELS QU'ILS SOIENT.

Prix de 100 kilog...	20 fr.	»»
— de 10 — ...	2	50

Cet amendement contient tous les éléments utilisables par les végétaux, à l'exception des matières organiques et notamment de l'azote; mais ceux qu'il contient sont dans des états de combinaison et d'agrégation qui leur permettent d'être rapidement assimilés par les végétaux.

Il convient à tous les sols et à toutes les cultures.

Il peut être employé à toute époque de l'année, en le projetant à la main sur les terres ensémencées, et même lorsque la végétation est très avancée. Il hâte la maturation des produits agricoles et en facilite le développement

Cependant, employé trop tardivement, il peut déterminer une nouvelle floraison; mais il est possible que le temps manque pour que les produits formés puissent atteindre le dernier degré de leur développement ou la maturité.

Lorsqu'une terre a été convenablement fumée par les moyens ordinaires, cet amendement suffit pour en augmenter la fertilité.

Il produit les effets les plus considérables, lorsqu'il a été mêlé avec du guano du Pérou, ou du sulfate d'ammoniaque, ou surtout avec du bi-carbonate d'ammoniaque.

Dans ce cas, l'amendement devient un engrais complet, éminemment actif, qui est apte au développement de tous les produits des végétaux et qui n'épuise jamais le sol.

Cet amendement peut être mêlé à parties égales avec le guano du Pérou pur; on peut même en mettre deux parties contre une de ce dernier corps. C'est ce dernier mélange qui est proposé aux agriculteurs sous le nom de *guano du Pérou complété et corrigé.*

III

GUANO DU PÉROU CORRIGÉ ET COMPLÉTÉ.

Prix des 100 kilog... 25 fr.
— de 10 — ... 3

Les inconvénients du guano du Pérou sont connus de tous les agriculteurs. Développant fortement les organes de la végétation, il est presque impropre à la fructification des céréales, et notamment du blé. D'une autre part, on sait qu'il épuise fortement le sol.

Cela est dû à ce qu'il ne contient d'autres produits utilisables par les végétaux que de l'azote et du phosphate de chaux. Si le sol ne peut ajouter les éléments qui manquent à cet engrais, et qui sont indispensables pour cette production, il demeure inerte; si le sol contient ces produits, il les livre aux végétaux et il se trouve rapidement épuisé.

Il était donc indispensable de créer un amendement qui pût compléter le guano et le rendre apte à faciliter toutes les cultures sans jamais épuiser le sol.

Le guano est d'ailleurs complété par des produits

qui se trouvent dans de tels états d'agrégation et de combinaison qu'ils puissent être assimilés par les végétaux en même temps que ceux qui le constituent naturellement.

Le guano corrigé et complété est un engrais riche *qui convient à toutes les cultures,* et qui, éminemment pulvérulent, peut être employé à toute époque de l'année. Avec cet engrais, le blé prendra un développement rapide et considérable.

La dose de cet engrais peut varier de 200 à 500 kilog. par hectare : elle dépend de l'état du sol sur lequel on doit l'employer et du résultat que l'on veut obtenir.

Cet engrais, comme tous ceux qui suivent, excepté l'engrais complet n° 11, étant pulvérulent et immédiatement actif, gagne à être employé en deux fois, et même en trois fois plutôt qu'en une seule.

Ce produit, employé pour le pralinage, donne de bons résultats.

IV ET V

ENGRAIS SPÉCIAUX POUR LA VIGNE.

I

ENGRAIS A ACTION LENTE.

Les 100 kilog... 25 fr. »»
Les 10 — ... 3 »»

II

ENGRAIS A ACTION RAPIDE.

Les 100 kilog... 28 fr. »»
Les 10 — ... 3 50

La vigne, ce végétal précieux qui donne à la France des produits si utiles et si renommés, méritait une attention toute spéciale.

Augmenter les produits qu'elle donne sans nuire à leur qualité était un problème agricole de premier ordre à résoudre.

Depuis quelques années, les viticulteurs s'en préoccupent vivement et font des essais. L'un de ces essais, celui qui leur a paru mériter la préférence, consiste dans l'emploi de matières animales épidermoïdes : laine, corne, plumes et même cuir.

Ce dernier produit est inefficace, parce qu'il se décompose trop lentement dans le sol; les autres donnent quelques résultats; *mais, attendu qu'ils ne représentent qu'un seul élément actif, l'azote,* ILS SONT ÉPUISANTS.

La vigne qui aura été forcée de produire par la présence de ces corps aura puisé dans le sol des éléments qui finiront par ne plus s'y trouver et, en un petit nombre d'années, elle deviendra stérile, par cela même que ce sol ne pourra plus lui fournir les éléments qui lui sont absolument indispensables pour qu'elle prospère.

La solution du problème est donc toute tracée; mais comment et par quels agents parvenir à ce résultat désiré.

Deux voies nous ont paru ouvertes : l'une d'elles consiste dans l'application d'engrais à action lente qui peuvent être employés, soit avant l'hiver, soit immédiatement après le retour du beau temps; l'autre réside dans l'emploi d'un engrais à action plus rapide qui puisse être employé à toute époque de la végétation.

Ces engrais, entièrement inodores et ne pouvant en aucun cas nuire à la qualité du vin, renferment, non seulement tous les principes voulus par la végétation, mais particulièrement ceux réclamés par la vigne pour le produit spécial qu'elle donne.

Le premier engrais, le moins actif, peut être introduit dans le sol ou dans un sillon intermédiaire et parallèle à deux réges de vigne.

Le second peut n'être que saupoudré sur le sol; mais il vaut mieux l'enterrer auprès des pieds de vigne, dans un ou plusieurs trous, dans l'endroit où l'on suppose que les racines ont leur chevelu. On donne ainsi naissance à autant de petits réservoirs qui distribuent les produits utiles à mesure des besoins.

Les doses auxquelles on peut employer ces engrais varient selon le développement des ceps : elles peuvent être de 50 à 100 grammes par chacun d'eux.

VI

ENGRAIS POUR LES PLANTES A SUCRE, A FÉCULE, A INULINE ET A PECTINE

(CANNE A SUCRE, BETTERAVE, NAVETS, POMMES DE TERRE, TOPINAMBOURS, CAROTTES, ETC.).

Prix des 100 kilog...	**22** fr.	»»
— de 10 — ...	**2**	**75**

Les plantes à sucre et à fécule, par la spécialité des produits qu'elles donnent, et dont on peut augmenter la production tout en entretenant la fertilité du sol, exigeaient un engrais particulier.

Cet engrais, d'après les essais qui ont été faits, donnera des résultats considérables.

On peut en employer de 300 à 500 kilog. par hectare.

VII

ENGRAIS SPÉCIAL POUR LE TABAC.

Prix des 100 kilog...	**25** fr.
— de 10 — ...	**3**

Avec cet engrais, les terres les moins fertiles, même les landes, donneront des produits rémunérateurs.

Cet engrais étant pulvérulent, peut être employé à toute époque de l'année, la feuille de la plante étant seule utilisée.

La dose est la même que celle de l'engrais précédent.

VIII

ENGRAIS POUR LÉGUMINEUSES ET CRUCIFÈRES

(LUZERNE, TRÈFLE, FAROUCHE, GESSE, VESCE, SAINFOIN, HARICOTS, FÈVES, POIS, LENTILLES, CHOUX, COLZA, MOUTARDE, ETC.).

Prix des 100 kilog...	18 fr.	»»
— de 10 — ...	2	50

Cet engrais est pulvérulent comme les précédents. Approprié à la nature des plantes de la famille des légumineuses et de celle des crucifères, il leur donne un développement considérable.

Riche et immédiatement actif, il peut être employé à toute époque de l'année. Il en faut 300 à 500 kilog. par hectare.

IX

ENGRAIS POUR LES CÉRÉALES

(BLÉ, MAÏS, ORGE, AVOINE, SEIGLE).

Prix des 100 kilog...	22 fr	»»
— de 10 — ...	2	75

Cet engrais, préparé spécialement en vue de la culture du blé, en provoque le développement d'une manière remarquable.

Employé en sus des engrais de ferme ordinaire, et notamment du fumier, il donne un rendement considérable.

Il est important d'en faire usage avant la floraison des céréales.

Il doit être employé aux mêmes doses que les précédents.

X

ENGRAIS POUR PRAIRIES NATURELLES.

Prix des 100 kilog... 15 fr.
— de 10 — ... 2

Les prairies s'épuisent comme toutes les terres arables, et il est indispensable d'y ajouter des engrais si l'on veut qu'elles donnent des produits abondants et suffisamment nutritifs.

Plusieurs exploitations agricoles étant fondées principalement sur le rendement des prairies, telles que l'élèvement des animaux et la production du lait, il est indispensable d'employer des engrais pour en tirer tout le parti possible. Avec des engrais convenables, on obtient non seulement plus de produits, mais ces produits croissent plus rapidement et peuvent ainsi être consommés sur place en donnant un rendement plus considérable.

L'engrais destiné aux prairies naturelles peut aussi être employé après la première coupe du foin, en le semant simplement sur le sol. Il donne un regain très abondant.

XI

ENGRAIS COMPLET,

PROPRE A TOUTES LES CULTURES ET POUVANT TENIR LIEU DE FUMIER.

Prix des 100 kilog... **16** fr. »»
— de 10 — ... **2** **10**

Pour satisfaire les agriculteurs qui voudraient em-loyer un engrais pour un assolement entier, on rouvera chez M. Crébessac un engrais complet, con-enant tous les éléments minéraux et organiques éclamés par la végétation. Cet engrais pourra être mployé dans les établissements agricoles qui ne roduisent pas assez de fumier. Les éléments qui le onstituent lui permettent de satisfaire à tous les esoins. On en pourra faire usage avant l'hiver ou au rintemps.

Enrichi par des engrais pulvérulents spéciaux, tels ue ceux qui viennent d'être indiqués, et notamment ar le guano du Pérou corrigé et complété, il don-era d'excellents résultats, même en réduisant beau-oup la dose de ce dernier, soit à 200 kilogrammes our un hectare, et en les employant à une époque lus avancée de l'année.

La quantité de cet engrais peut varier de 500 à 000 kilog. par hectare et par an.

XII

PRODUITS SALINS,

POUR DÉSINFECTER LES FOSSES D'AISANCE, EXPLOITER LES URINES ET LES EAUX CROUPIES.

Ces produits, ajoutés dans une fosse d'aisance que l'on se propose de vider, en séparent l'ammoniaque et l'acide phosphorique, qu'ils font passer à l'état de phosphate ammoniaco-magnésien. Ce phosphate est solide et se réunit aux matières fécales; tandis que les eaux vannes, devenues limpides et inodores, peuvent être extraites facilement et versées dans un égout.

Ils peuvent aussi être employés pour utiliser les eaux ammoniacales quelles qu'elles soient, et notamment celles que l'on obtient dans la production du gaz de l'éclairage.

Les mêmes produits ajoutés dans l'urine putréfiée donnent naissance à du phosphate ammoniaco-magnésien, qui peut être utilisé comme une des matières les plus riches et les plus propres à entrer dans la confection des engrais.

Il est désirable que ce produit soit employé partout, et que l'on ne perde plus les urines qui recèlent de l'acide phosphorique et beaucoup d'ammoniaque.

Un litre d'urine contient, à peu de chose près, les éléments fertilisants qui permettraient de produire un kilogramme de pain.

Les urines des villes représentent presque la totalité des matières les plus précieuses qui sont enlevées au sol des campagnes par l'intermédiaire des récoltes : il y a donc le plus grand intérêt à les utiliser.

Cela peut être fait facilement par l'emploi du produit salin signalé dans cet article.

www.ingramcontent.com/pod-product-compliance
Ingram Content Group UK Ltd.
Pitfield, Milton Keynes, MK11 3LW, UK
UKHW021950260726
13994UKWH00004B/1662

9 782329 420530